创意无限 快乐体验

团团和拉拉的

轻土之旅

儿童创意黏土教程

逗趣萌宠

稚子文化◎编绘

吉林出版集团股份有限公司 | 全国百佳图书出版单位

和团团、拉拉一起开始轻土之旅吧！

人物小档案

团团

爱好：美食和旅游。

性格：活泼好动，开朗直爽，对一切新鲜事物充满好奇。

口头禅："我们今天去哪儿玩儿呢？""我们今天吃什么呢？"

我是哥哥，我的愿望是带着妹妹环游世界，吃遍所有的美食。这次我和妹妹来到了轻土王国，我们会遇到哪些有趣的事呢？别掉队哦，跟着我们一起开始旅行吧！

拉拉

爱好：一切可爱的事物，零食和音乐。

性格：爱干净；胆子有点儿小，到哪儿都黏着哥哥。

口头禅："这个好可爱呀！""哥哥说得太对啦！"

我是妹妹，我的愿望是收集所有萌萌的东西。虽然我有点儿胆小，但是我有一个勇敢的哥哥。和哥哥一起旅行，真是太开心啦！这次我们来到了轻土王国。咦？哥哥，等等我呀！

前言

如果要为小朋友们的游戏时间、家长和孩子们的亲子时间推荐一项既能动手又能动脑，还能增添生活乐趣、情调的手工活动的话，超轻黏土制作一定能满足所有人的需求。

因为超轻黏土的材质细腻，揉捏起来干净舒服、不粘手，具有易干燥、不开裂、不变形的特点，并且无毒无味、容易操作、可塑性强，所以不仅深受家长和孩子们的喜爱，而且也成为时下最流行的上班族休闲减压手工活动。

玩儿黏土既可以培养孩子的创造力、动手能力，开发思维，开发大脑，又可以增进亲子间的互动和情感。

"团团和拉拉的轻土之旅——儿童创意黏土教程"系列丛书不仅详细地介绍了超轻黏土的基本知识、常用制作工具和黏土制作的基本手法，而且所有黏土作品都以图文对照的形式，向大家展示出制作流程。本丛书简单易学，是家长和孩子学习创作黏土作品的必备参考读物。

还等什么？让我们和团团、拉拉一起开启这段创意无限、精彩无比的轻土之旅吧！

目录
CONTENTS

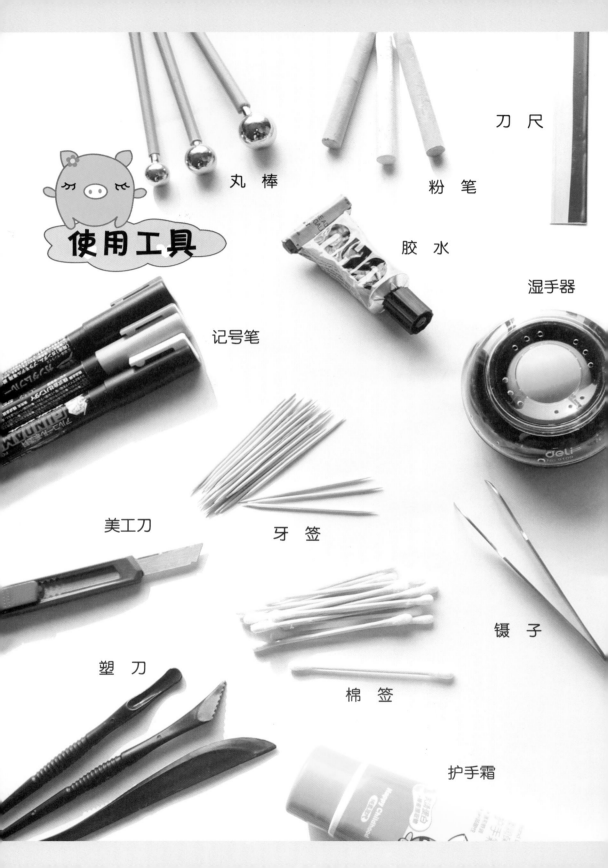

刀 尺

丸 棒

粉 笔

使用工具

胶 水

湿手器

记号笔

美工刀

牙 签

镊 子

塑 刀

棉 签

护手霜

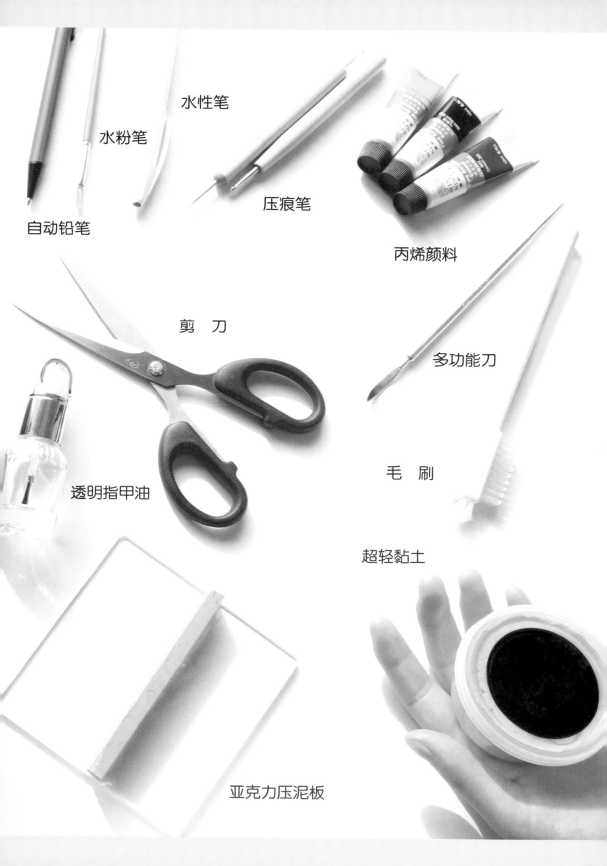

水性笔

水粉笔

自动铅笔

压痕笔

丙烯颜料

剪　刀

多功能刀

透明指甲油

毛　刷

超轻黏土

亚克力压泥板

基本手法

1 揉 将黏土放在手心，两手相对旋转稍微用力，即可揉成一个圆球。大团黏土用手掌揉，小团黏土可以用拇指和食指揉。

2 捏 食指和拇指相对配合挤压黏土，使其压扁或弯曲，变成你所需要的任意形状。

3 搓 这里介绍两种方法：一种方法是，将黏土放在桌子上或两手掌心中，用手前后搓动；另一种方法是，将黏土放在桌子上，使用亚克力压泥板前后搓动。

4 插 将黏土用牙签进行穿插，使两个或多个部件连接起来，主要起固定作用。如头部和身体、四肢和身体的衔接等。

5 切 用刀或其他工具，将搓好的长条切断，或对黏土进行切割塑形。

6 粘 将一块黏土压放在另外一块黏土上，如做动物的眼睛，将黑眼珠贴在白眼球上。

7 剪 用剪刀剪出各种形状，如翅膀、叶片、羽毛等。

1 将黄色黏土捏成卵形。　　2 用橙色黏土做嘴，用黑色记号笔画眼睛。

3 用黄色黏土做翅膀，浅粉色黏土做　　4 用水粉笔蘸白色丙烯颜料画眼睛上的高
红脸蛋儿。　　　　　　　　　　　　　光。用橙色黏土做脚。

雏鸡
CHU JI

可爱的小鸡！

1

1 用白色黏土捏如图所示形状做头，用丸棒对称压坑。

头部的制作稍有难度，可以先揉一个圆球，再在圆球的基础上调整、塑形。

2 用黑色黏土做眼睛和鼻子，分别粘在相应位置。用白色黏土做眼睛上的高光。捏两个三角形的耳朵，对称粘在如图所示的位置。

3 如图所示，用白色黏土捏身体，并与头部粘好。

4 用白色黏土捏尾巴，粘在如图所示的位置。

嘿！

5 用白色黏土做四肢，如图所示，分别对称粘在身体两侧。

大耳狐

DA ER HU

1 将肉色黏土捏成如图所示形状。

2 将红色黏土捏成椭圆形扁片做鼻子，并用牙签扎出鼻孔。用丸棒对称压坑。

3 揉两个黑色黏土球做眼睛。

4 用肉色黏土捏两个扁片做耳朵。

5 用水粉笔蘸白色丙烯颜料画眼睛上的高光。

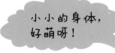

小小的身体，好萌呀！

6 用肉色黏土捏四个黏土柱做四肢，搓一条细黏土条做尾巴。

小香猪

XIAO XIANG ZHU

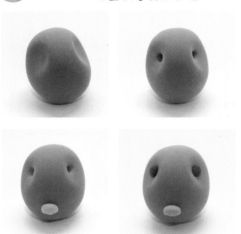

1 用棕色黏土做头，用丸棒在上方对称压坑。黑色黏土做眼睛粘在坑中，粉色黏土做鼻子，并用牙签扎出鼻孔。

2 用棕色黏土捏两个大大的水滴形扁片做耳朵。

3 揉一个椭圆形的棕色黏土球做身体。

4 将棕色黏土揉成小球做尾巴，粘在身体上。

5 将捏好的头部和身体粘在一起，白色记号笔画眼睛上的高光。

6 用棕色黏土做四肢，并用塑刀在前肢上压出脚趾的痕迹。

垂耳兔
CHUI ER TU

沙特尔猫
SHA TE ER MAO

1 用灰色黏土搓一个圆球做头，用丸棒对称压坑，黄色和黑色黏土做眼睛。

2 用灰色黏土捏半球形，深灰色黏土做鼻子，分别粘在如图相应位置。用塑刀在鼻子下面划出嘴。用灰色黏土做耳朵，对称粘好。

3 如图所示，用灰色黏土做身体和前肢，分别对应粘好。

4 用塑刀在前肢相应位置压出痕迹。

5 用灰色黏土做后肢，对称粘在身体两侧，并用塑刀压出痕迹。

小猫咪，快让我抱一抱！

6 用灰色黏土做尾巴，粘在身体相应位置。

1 用白色黏土揉一个椭圆形球。

2 将椭圆形球捏成如图所示形状，做头。

3 将棕色黏土片对称粘在如图位置，并用丸棒对称压坑。用黑色黏土做鼻子和眼睛，粘在相应位置。

4 用棕色黏土做上眼睑，粘在如图位置。用棕色黏土做耳朵，并用牙签对称固定在头顶。

你要睡觉吗？

5 用白色黏土做身体、四肢和尾巴，分别对应粘好。

惠比特犬

HUI BI TE QUAN

1 将灰色黏土捏成卵形，如图用丸棒对称压坑。

2 用黄色和黑色黏土做眼睛，粘在坑中。

3 将卵形稍尖的一端向内按压出坑。

使用剪刀等锋利工具时要注意安全。

5 用剪刀将头部剪成如图所示的效果。

4 用黑色黏土做嘴，并用牙签在嘴的上半部分对称扎孔。将两个白色黏土球粘在鼻根部，并用牙签挑乱。用水粉笔蘸白色丙烯颜料在眼睛上画上高光。

你也进来歇会儿吧！

6 灰色黏土做身体，将其用牙签与头部固定。

7 将灰色黏土片剪成如图所示形状做翅膀，粘在身体两侧。

8 用红色黏土做脚。

鸽子

GE ZI

1 用棕色、白色和黑色黏土分别做出头部和五官。

2 如图所示，将五官与头部组合起来。

头部和身体可以直接粘贴，也可用牙签固定。

哇！

3 用棕色和白色黏土做身体和四肢，红色和黄色黏土做项圈和铃铛。

4 将做好的头部和身体组合在一起。

比格猎犬

波斯猫
BO SI MAO

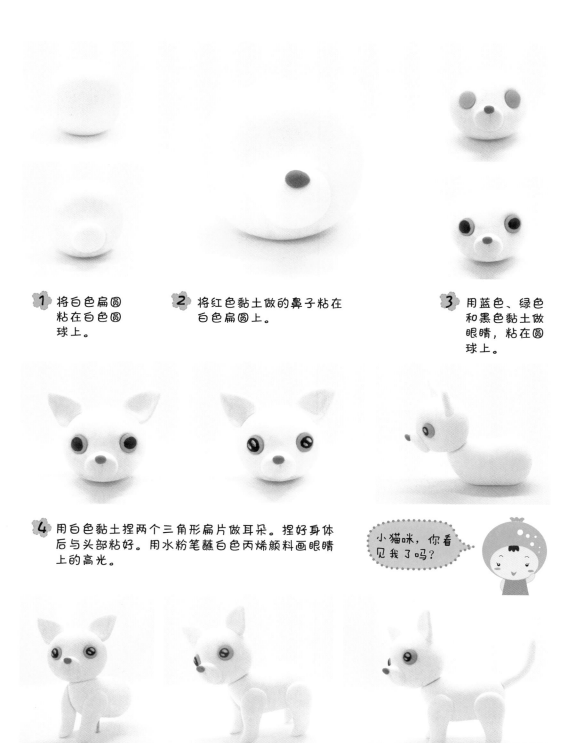

1 将白色扁圆粘在白色圆球上。

2 将红色黏土做的鼻子粘在白色扁圆上。

3 用蓝色、绿色和黑色黏土做眼睛，粘在圆球上。

4 用白色黏土捏两个三角形扁片做耳朵。捏好身体后与头部粘好。用水粉笔蘸白色丙烯颜料画眼睛上的高光。

小猫咪，你看见我了吗？

5 用白色黏土做四肢和尾巴，分别粘在身体相应的位置。

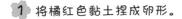

1 将橘红色黏土捏成卵形。

2 用丸棒在如图所示位置对称压坑。

3 揉两个黑色黏土球填充在坑中做眼睛。

4 捏白色黏土片对称粘在眼睛上。

5 将浅黄绿色黏土片剪成如图所示形状,粘在底部。

6 用橘红色黏土做一对后肢,对称粘好。

7 用橘红色黏土做一对前肢,对称粘好。用剪刀剪出脚趾。

8 如图所示,用橘红色黏土捏两个扁片粘在眼睛上方。用白色丙烯颜料画眼睛上的高光。

牛蛙
NIU WA

1 将白色黏土搓成椭圆形球做头部，黑色黏土圆片对称粘在球上。用白色黏土做眼白，红色黏土做鼻子。

2 用黑色黏土做黑眼珠和耳朵，水粉笔蘸白色丙烯颜料画眼睛上的高光。

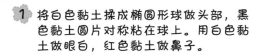

注意头和身体的比例，约1:1的头身比例会显得更可爱！

3 用白色黏土做身体和四肢，对应粘好后再与头部粘贴固定。

4 搓一个黑色黏土球做尾巴，粘在身体后面。

荷兰兔

HE LAN TU

1 用橘红色黏土捏扁圆，并用塑刀对称划出痕迹。将扁圆捏成飞碟形状。用牙签包裹肉色黏土，插在如图位置；用椭圆形黑色黏土片做眼睛，粘在如图位置。

2 用白色黏土做眼睛上的高光。用肉色黏土片做肚皮，粘在如图位置，并用塑刀压出痕迹。

3 用浅红色和粉色黏土做比较大的一只螯足，粘在身体的一侧。

4 用橘黄色黏土做比较小的一只螯足，粘在身体的另一侧。

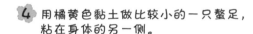

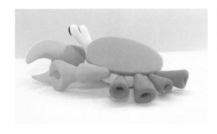  

5 用红色黏土捏四个圆锥形，用丸棒在底边压坑，并用牙签固定在如图位置。

6 用相同方法，做另一侧的四条螃蟹腿。如图所示，用红色黏土捏四个黏土圆锥，对应粘好。

7 用相同方法，再捏四个红色黏土圆锥，对应粘好。

招潮蟹

ZHAO CHAO XIE

1 如图所示，用白色黏土做头，丸棒对称压坑。

2 用黑色黏土做眼睛和鼻子，分别对应粘好。用塑刀在鼻子下面划出嘴；用白色黏土捏三角形做耳朵，对称粘好。

3 用粉色黏土捏两个心形，并用塑刀压出痕迹，再粘成蝴蝶结形状，粘在如图位置。用白色黏土做眼睛上的高光。

4 如图所示，用蓝色黏土做身体，与头部粘好。用蓝色和白色黏土做胳膊和爪子，对称粘在身体两侧。用白色黏土做尾巴，粘在身体相应位置。

 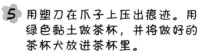 

5 用塑刀在爪子上压出痕迹。用绿色黏土做茶杯，并将做好的茶杯犬放进茶杯里。

6 用绿色黏土捏 "U" 形做茶杯把，粘在茶杯相应位置。

茶杯犬

CHA BEI QUAN

1 将土黄色黏土揉成椭圆形球体。

2 将椭圆形球体捏成如图所示形状，用丸棒对称压坑。

3 用塑刀在如图所示位置压出痕迹。

4 揉两个黑色黏土球做眼睛；粉色黏土球做鼻子，并用牙签在上面扎出两个鼻孔。

5 用棕色黏土做耳朵和尾巴，对应粘好。

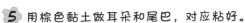

想吃吗？

6 用棕色黏土做前肢，在身体两侧对称粘好。

7 用粉色黏土做脚，粘在如图所示位置。

8 用水粉笔蘸白色丙烯颜料画眼睛上的高光。

豚鼠

TUN SHU

1 搓一个银灰色
黏土球。

2 将黏土球捏成如图所示形状，用丸
棒在上方对称压坑。

3 用粉色黏土搓一个
小圆球做鼻子。

4 搓两个黑色黏土球填
充在坑中做眼睛。

5 将白色黏土压成片做
肚皮。

6 捏两个银灰色扁片做耳朵。

 快来和我玩吧！

7 用银灰色黏土做
前肢。

8 用白色丙烯颜料画眼睛上的
高光；在耳朵根部粘两个白
色黏土球，用牙签挑乱。

9 用银灰色黏土做尾巴。

龙猫

LONG MAO

1 用浅绿色黏土捏头，用丸棒对称压坑，并嵌入黑色黏土球做的眼睛。

2 用浅绿色黏土做上眼睑，对称粘在如图位置。

3 用浅绿色黏土做龟壳；用肉色黏土做肚皮，并用塑刀压出痕迹，再与龟壳粘好。将做好的头部粘在龟壳与肚皮之间的夹空中。

4 用浅绿色黏土做四肢，对称粘在身体两侧。用黑色黏土做脚趾，粘在如图位置。

我来摸一摸。

5 用浅绿色黏土做尾巴，如图所示，粘在身体后面。

6 用深绿色黏土捏若干大小不等的圆片，粘在头顶和龟壳上。

乌龟
WU GUI

英国短毛猫
YING GUO DUAN MAO MAO

1 用白色黏土做头，用丸棒在上方对称压坑，用塑刀划出嘴。

2 捏两个白色的三角形扁片做耳朵。

3 揉一个红色黏土球做鼻子，用牙签扎两个鼻孔。

4 用白色丙烯颜料画眼睛上的高光；用白色黏土做身体，与头部粘好。

5 捏两个白色黏土柱做前肢，如图对称粘好。

6 捏两个白色扁圆，对称粘在身体两侧做后肢。

7 用白色黏土做脚，粘在扁圆下面。

8 用白色黏土做尾巴，粘在身体后面。

1 用灰色黏土捏椭圆形球做头，丸棒对称压坑，并粘上黑色黏土球做的眼睛。

2 用灰色黏土捏长方形黏土片，粘在如图位置，用剪刀将长方形两边剪成锯齿状。

3 用黑色黏土做鼻子，粘在如图位置，并用牙签对称扎孔。

4 用灰色黏土做耳朵，对称粘在头部如图位置。

5 用灰色黏土做身体，与头部粘好。

6 用灰色黏土做前肢，对称粘在如图位置。

嘻嘻！

7 用灰色黏土做后肢，对称粘在如图位置。

8 用灰色黏土做尾巴，粘在身体后面。用白色黏土做眼睛上的高光。

凯利蓝梗
KAI LI LAN GENG

吉娃娃
JI WA WA

不开心吗?

1 如图所示，用白色黏土做头，并粘两个橘红色黏土片。如图用丸棒在黏土片上对称压坑，填充白色黏土球做眼球。

2 用塑刀划出嘴，用黑色黏土做黑眼珠和鼻子，水粉笔蘸白色丙烯颜料画眼睛上的高光。

3 用橘红色黏土做耳朵、身体和前肢，如图所示依次对应粘好。

眼窝要稍微压得深些，因为黏土干后会反弹。

4 用橘红色黏土做后肢和尾巴，如图所示依次对应粘好。

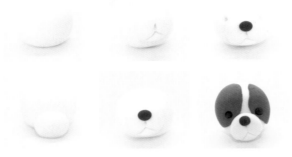 

1 揉白色黏土球做头，揉白色扁圆粘在头部，用丸棒压出眼窝，用塑刀划出嘴，黑色黏土球做鼻子、眼睛，棕色黏土片对称粘好。

2 用棕色黏土做耳朵，对称粘在头部。

哈喽，我带你回家吧！

3 用白色记号笔画出眼睛上的高光；白色黏土做身体，与头部粘好；用棕色黏土做前肢，对称粘在身体两侧。

4 用棕色黏土做后肢，对称粘在身体两侧。

5 用棕色黏土做尾巴，粘在身体后面。

蝴蝶犬
HU DIE QUAN

1 用白色黏土捏一个扁圆，在如图所示的位置按压出坑。

2 将白色黏土捏成水滴形粘在坑中。

3 捏一个白色扁片粘在水滴形黏土上，并用塑刀压出痕迹。搓两个黑色黏土球粘在如图所示的位置做眼睛。

4 用黑色黏土球做鼻子，粘在白色黏土片上。

5 用白色黏土做耳朵，粘在白色扁圆上。

6 用黑色记号笔在鼻子周围点点儿，并描画塑刀压出的痕迹。

7 捏两个棕色黏土片，粘在耳朵上。

你太胖了，要多做运动哟!

8 用白色黏土做身体、四肢和尾巴，如图所示依次对应粘好。用塑刀在四肢上压出脚趾的痕迹。

1 将黑色黏土捏成如图所示形状，在如图所示位置粘一个黑色扁圆。

2 用丸棒对称压坑，塑刀划出嘴，黑色黏土球做鼻子，黄色黏土球做眼睛。

3 用黑色黏土做耳朵，黑色记号笔画黑眼珠。

4 用黑色黏土做身体，与头部粘好。

5 用黑色黏土做四肢和尾巴，如图所示依次对应粘好。

孟买猫

MENG MAI MAO

43

1 将白色黏土球捏成如图所示形状，用丸棒对称压坑，黑色黏土做眼睛和鼻子，塑刀划出嘴。将白色黏土捏成扁片做耳朵，用白色丙烯颜料画眼睛上的高光。

2 用白色黏土做身体，与头部粘好。

3 用白色黏土做前肢，并用塑刀压出脚趾的痕迹。

4 用白色黏土做后肢，并用塑刀压出脚趾的痕迹。

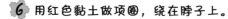

5 用白色黏土做尾巴，粘在身体后面。

6 用红色黏土做项圈，绕在脖子上。

京巴犬

JING BA QUAN

哈瓦那犬
HA WA NA QUAN

1 将棕色黏土球捏成如图所示形状，并粘一块棕色
黏土柱。

2 用丸棒对称压坑，黑色黏
土做眼睛和鼻子，用塑刀
划出嘴。

需要对称粘贴的部分，如眼睛、耳朵、四肢等，
制作时形状、大小要尽量一致，大致均匀。

3 用棕色黏土做耳朵，白色丙
烯颜料画眼睛上的高光。

4 用棕色黏土做身体，与头部粘好。

5 用棕色黏土捏四个黏土柱做四肢，揉小圆球做尾巴，依次对应粘好。

1 将白色黏土捏成如图所示形状，用丸棒对称压坑。

2 用黑色黏土搓两个小圆球做眼睛，捏半球形做鼻子。

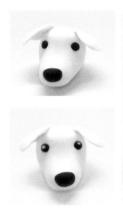  

3 将白色黏土捏成扁片做耳朵，白色丙烯颜料画眼睛上的高光，黑色记号笔画头部的斑点。

4 用牙签将白色黏土做的身体与头部固定。

它不理我了。

5 用白色黏土做四肢，对称粘在身体两侧。

6 用黑色记号笔画身上的斑点。

斑点狗

BAN DIAN GOU

比熊犬

BI XIONG QUAN

和你在一起，
我很开心，
谢谢有你的
陪伴！

1 揉一个白色黏土球，用圆头压痕笔对称压坑；黑色黏土球做眼睛，粘在相应位置。

2 将白色黏土块粘在如图位置；黑色黏土球做鼻子，粘在白色黏土块上；用塑刀在鼻子下面划出痕迹。用白色黏土做耳朵和眼睛上的高光，粘在相应位置。

3 用白色黏土做身体和四肢，身体与头部粘好，四肢对称粘在身体两侧。

4 用白色黏土随意抻拉几下，再将两端对粘做尾巴，粘在身体后面。

5 用黑色黏土做帽子，粘在头顶如图位置。

1 用白色和棕色黏土做头，并用塑刀压
出痕迹。用黑色黏土做眼睛，白色和
棕色黏土做眼睑。

2 将白色黏土片粘在头突出部位的下面做
嘴，黑色黏土做鼻子，白色和棕色黏土
做耳朵，白色丙烯颜料画眼睛上的高光。

3 用棕色黏土做身体和四肢，依次对应粘好。四肢用塑
刀压出脚趾痕迹。

好威风的样
子啊！

4 用棕色黏土做尾巴，
粘在身体后面。

5 用红色和黄色黏土做项圈和铃铛，围在脖子
上粘好。

斗牛犬
DOU NIU QUAN

1 将肉色黏土捏成如图所示形状，用丸棒对称压坑。　　2 用黑色黏土揉三个小球，分别做眼睛和鼻子。

3 在肉色黏土上包覆一层棕黄色黏土，并用剪刀剪出刺的效果。用肉色黏土做耳朵。

4 用肉色黏土做四肢，对称粘在身体两侧。可以去室外捡一些橡子或松塔来装饰哦！

刺猬
CI WEI

55

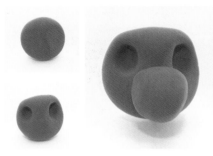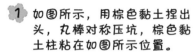

1 如图所示，用棕色黏土捏出头，丸棒对称压坑，棕色黏土柱粘在如图所示位置。

2 将棕色黏土片粘在头部凸起的黏土柱上，用黑色黏土揉小球做鼻子。

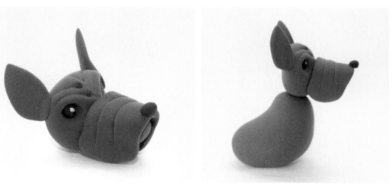

3 如图所示，用塑刀在头部压出痕迹。用棕色黏土做耳朵；黑色黏土做眼睛，在眼睛上涂白色丙烯颜料做高光。

4 用棕色黏土做身体，与头部粘好。

吃吧！

5 用棕色黏土做四肢，并用塑刀压出脚趾的痕迹。

6 用棕色黏土做尾巴，红色黏土做项圈。

大丹犬
DA DAN QUAN

1 将白色黏土捏成长卵形做头。

2 用丸棒对称压坑，黑色黏土球填充在坑中做眼睛。用美工刀在如图所示位置切口做嘴。

在粘舌头、眼睛等细小部件时，使用镊子会相对容易操作。白色黏土易脏，在制作前要将手洗净，制作过程中也要尽量保持手部干净。

3 用黑色记号笔画眼部的斑纹，黑色黏土做鼻子，白色丙烯颜料画眼睛上的高光。

4 用白色黏土捏三角形扁片做耳朵，红色黏土捏椭圆形扁片做舌头。

5 用白色黏土做身体、四肢和尾巴，如图所示依次对应粘好。

斗牛梗
DOU NIU GENG

59

2 用黑色黏土压两个圆片对称粘在
头部，并用丸棒对称压坑。

1 将棕色黏土捏成如图所示形状做头。

制作过程中，暂时不用的黏土要密
封保存，防止黏土风干变硬。

3 用黑色黏土片做鼻子，
牙签扎出鼻孔。

4 用黑色黏土做耳朵和眼睛，白色丙烯颜料画眼睛上的高
光，用美工刀在如图所示位置切口做嘴。

5 用棕色黏土做身体、四肢和尾巴，如图所示依次对应粘好。

杜宾犬
DU BIN QUAN

俄罗斯蓝猫

E LUO SI LAN MAO

1 在灰色黏土球上粘一个扁圆。

2 用塑刀在扁圆上划出痕迹。

3 用红色黏土球做鼻子，丸棒对称压坑。

4 将黄色黏土填充在坑中做眼睛。

5 用黑色记号笔画黑眼珠，牙签扎出鼻孔。

6 用灰色黏土捏两个三角形扁片做耳朵。

7 用白色丙烯颜料画眼睛上的高光，用牙签在嘴部扎一些小孔。用灰色黏土做身体，并用牙签与头部固定。用灰色黏土做四肢和尾巴，依次对应粘好。

贵宾犬
GUI BIN QUAN

可以根据实际需要，将黏土抻
拉出不同的效果。

1 用肉色黏土捏出头，黑色黏土捏两个圆片做眼睛，揉一个圆球做鼻子，用塑刀压痕、切口做嘴。在头顶粘一块灰色黏土，并用牙签挑乱。

2 用白色丙烯颜料画眼睛上的高光，将灰白色黏土用抻拉的方法做出如图所示的效果，对称粘在头部两侧。

3 用肉色黏土做身体，用牙签与头部固定。

4 在身体的背部粘一片灰色黏土。

5 将灰色黏土揉成圆球，粘在身体后面做尾巴。

6 捏两个肉色黏土柱做前腿，用牙签固定在身体下面。

7 用相同的方法做后腿，揉四个灰色黏土球做脚。

1 用棕色黏土捏出头，黑色黏土球做鼻子。

2 将头部前端做出嘴的样子；用丸棒对称压坑，并填充红色黏土球做眼睛。

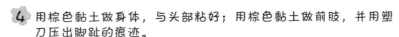
步骤中提到的工具，在实际制作过程中可以使用相似功能的工具代替。

3 将棕色黏土捏成椭圆形扁片做耳朵，用黑色记号笔涂黑眼珠。

4 用棕色黏土做身体，与头部粘好；用棕色黏土做前肢，并用塑刀压出脚趾的痕迹。

耳朵好大啊！

5 用棕色黏土做后肢和尾巴，并用塑刀在后肢压出脚趾的痕迹。

寻血猎犬

XUN XUE LIE QUAN

金毛犬
JIN MAO QUAN

1 用橘红色黏土捏出头，用美工刀划出嘴。　2 用黑色黏土做鼻子和眼睛。

3 用塑刀在眼睛上方划出痕迹，红色黏土做舌头。　4 用橘红色黏土片做耳朵，对称粘在头部。用白色丙烯颜料画眼睛上的高光。

5 用橘红色黏土做身体和四肢，对称粘在身体两侧。用塑刀在四肢上压出脚趾的痕迹。　6 用橘红色黏土做尾巴，粘在身体后面。

给你们介绍一下我的新朋友。

7 将做好的头部和身体用牙签固定连接。

黏土作品风干后就不能自然粘贴了，如果某些部件掉落，可以涂适量胶水重新固定。

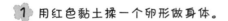
1 用红色黏土揉一个卵形做身体。

2 用红色黏土做头，揉两个圆球对称粘在头两侧。将头与身体连接。

3 用丸棒在两个圆球上压坑。

4 用黑色和白色黏土做眼睛，粘在坑中。

5 用红色黏土片做背鳍。

6 将两个大小不同的黏土片分别折出褶皱做尾巴。

7 将红色黏土片剪成如图所示形状做胸鳍，用金色记号笔画身体上的鱼鳞和鱼鳍上的斑纹。

金鱼
JIN YU

博美犬
BO MEI QUAN

汪！我可是大明星哟！

1 在橘红色大圆球上粘一个小圆球，用丸棒在大圆球上对称压坑。

2 揉一个黑色黏土球做鼻子，将两个黑色黏土球填充在坑中做眼睛。

3 用两个拇指在眼部按压一下，用橘红色黏土做耳朵，白色丙烯颜料画眼睛上的高光。

4 用美工刀在小圆球上切口做嘴，红色黏土片做舌头。

5 用橘红色黏土做身体和四肢，依次对应粘好。用塑刀在四肢上压出脚趾的痕迹。

6 用橘红色黏土做尾巴。

7 将浅粉色黏土片剪成三角形，围在脖子上粘好。

8 将红色黏土片剪成蝴蝶结形，粘在头部。

1 将棕色黏土捏成如图所示形状做头，用丸棒对称压坑。

2 用黑色黏土搓两个小圆球做眼睛，搓一个大椭圆形球做鼻子，用美工刀在如图所示位置切口做嘴。

3 用棕色黏土捏月牙形粘在眼睛上方，捏水滴形扁片做耳朵，用白色丙烯颜料画眼睛上的高光，捏香蕉形做身体。

4 用牙签将头部和身体固定。

5 用棕色黏土做四肢和尾巴，依次对应粘好。用塑刀在四肢上压出脚趾的痕迹。

腊肠犬

LA CHANG QUAN

1 将白色黏土捏成卵形，棕色黏土片做头部的斑纹、耳朵和眼睑，白色和黑色黏土做眼睛。

2 用黑色黏土做鼻子和嘴。

3 用白色黏土做身体和四肢，依次对应粘好。

4 用棕色黏土片做身上的斑纹。

小狗，和我们一起来踢球吧！

5 用白色黏土做尾巴，粘在身体后面。

帕尔森罗塞尔梗

PA ER SEN LUO SAI ER GENG

哈士奇
HA SHI QI

1 将灰色黏土球一面按压出坑，白色黏土片剪成三角形粘在坑中，再用白色黏土片包裹黏土球的一半。

2 如图用丸棒在白色黏土片上压坑，将底部向外捏出一部分。

3 捏白色黏土柱粘在如图所示位置，用红色黏土做舌头，黑色黏土球做眼睛和鼻子，灰色黏土做耳朵。

4 搓黑色黏土条粘在眼睛上方，用白色丙烯颜料画眼睛上的高光。

5 用灰色黏土做身体，并用牙签与头部连接。用白色黏土做四肢，对称粘在身体两侧。

你想吃骨头吗？

6 用灰色黏土做尾巴，粘在身体后面。

7 用红色黏土做项圈，围在脖子上。

1 用白色黏土球做头，黑色黏土片和扁圆分别粘在如图所示位置。用丸棒压坑，黑色黏土球做鼻子，塑刀划出嘴。

2 用黑色黏土做耳朵，蓝色黏土球填充在坑中做眼睛，黑色记号笔画黑眼珠。

3 用白色黏土做身体，并用牙签与头部连接。

4 用白色黏土做前腿和后腿，对称粘在身体两侧。

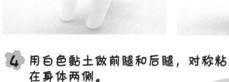

外国的猫咪？

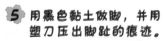

5 用黑色黏土做脚，并用塑刀压出脚趾的痕迹。

6 用黑色黏土做尾巴，粘在身体后面。

暹罗猫

XIAN LUO MAO

1 揉一个橙色黏土球，用两拇指按压出坑。

2 将白色黏土制作成如图所示的不同形状，依次对应粘好。

3 用塑刀在白色黏土柱上划出嘴。

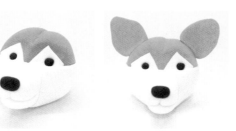

4 用黑色黏土球做鼻子。

5 用丸棒在如图所示的位置压坑，将黑色黏土球填充在坑中做眼睛。

6 用橙色黏土做耳朵。

7 用橙色黏土做身体，白色黏土做四肢和尾巴，依次对应粘好。

秋田犬
QIU TIAN QUAN

83

1 用白色黏土做头，塑刀压出痕迹，黑色黏土做鼻子。将白色黏土用抻拉的方法做成毛，用塑刀切成不同长度的黏土片，然后粘在头部。

2 用红色黏土做蝴蝶结粘在头部。

3 用白色黏土做身体和四肢，依次对应粘好。

4 用步骤1中相同的方法做身体上的毛。

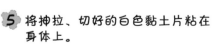

5 将抻拉、切好的白色黏土片粘在身体上。

6 用黑色记号笔在蝴蝶结上点点儿；将灰色黏土捏成细长的黏土片，围在脖子上。

古代牧羊犬
GU DAI MU YANG QUAN

雪纳瑞犬

XUE NA RUI QUAN

嘿!

1 用丸棒在灰色黏土球上对称压坑，在灰色黏土球上粘白色黏土柱和白色黏土做的嘴部的毛。

2 用黑色黏土球做鼻子和眼睛，红色黏土做舌头。

3 用灰色黏土捏椭圆形扁片做耳朵。

4 将白色椭圆形扁片粘在眼睛上方。

5 用白色丙烯颜料画眼睛上的高光。

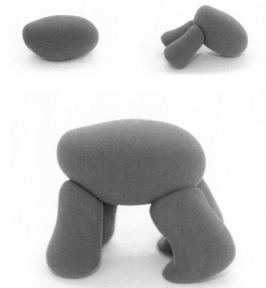  

6 用灰色黏土做身体和四肢，依次对应粘好。

7 用灰色黏土做脖子和尾巴，将做好的头部和身体粘在一起。

小白鼠

XIAO BAI SHU

1 如图所示，用白色黏土捏头，圆头压痕笔对称压坑，并嵌入黑色黏土球做的眼睛。用粉色黏土球做鼻子，并用牙签对称扎鼻孔。

2 用白色和粉色黏土做耳朵，对称粘在头顶。用黑色记号笔在鼻子下面画嘴。

3 如图所示，用白色黏土做身体，与头部粘好。用牙签包裹白色黏土做四肢，对称插入如图位置。用粉色黏土做爪子，并用剪刀剪出脚趾。

4 用红色黏土片做围巾，随意围绕粘在头身连接处。

5 用浅蓝色黏土捏漏斗形做帽子，并将帽顶向后弯曲。

6 用黄色黏土捏一个三棱柱，并用丸棒在上面压若干小坑做奶酪。将做好的小白鼠粘在奶酪上；将粉色黏土条随意弯成尾巴形状，粘在如图位置。

美国恶霸犬
MEI GUO E BA QUAN

1 将白色黏土球捏成如图所示形状，咖啡色黏土片做头部的斑纹，用丸棒对称压坑。

2 用黑色黏土球做眼睛，白色和咖啡色黏土片做眼睑。

3 在如图所示位置粘一块白色黏土，用黑色黏土球做鼻子。

4 将白色黏土片粘在如图所示位置，用白色丙烯颜料画眼部高光。

5 用白色和咖啡色黏土做耳朵。

6 用塑刀在鼻子后面的白色黏土上压出痕迹。用白色黏土做身体、四肢和尾巴，依次对应粘好。

你很厉害吗？

7 用咖啡色黏土捏大小不同的两个圆片，粘在身体上做斑纹。

西施犬
XI SHI QUAN

1 将白色黏土球捏成如图所示形状，用丸棒压坑，塑刀划出嘴，红色黏土球做鼻子，黑色黏土球做眼睛。

2 将白色黏土抽拉对粘，做头部的长毛；红色黏土条粘在头顶的毛上。

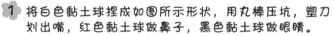

3 用白色黏土做身体和四肢，依次对应粘好。将白色黏土用抽拉的方法，做成如图所示纹理效果的黏土片，将黏土片切成不同长度粘在身体上。

你要和我一起玩吗？

4 将做好的头部和身体粘好。

5 用白色丙烯颜料画眼睛上的高光。

变色龙
BIAN SE LONG

1 将绿色黏土捏成如图所示形状的头，用美工刀切开做嘴。

2 用丸棒对称压坑，填充绿色黏土球做眼睛，并用压痕笔对称压坑。嘴边缘粘一圈绿色黏土条。

3 用黑色黏土做黑眼珠，用塑刀在嘴边缘的黏土条上压出痕迹。

4 用绿色黏土做头部的肉冠，粉色和橙色黏土做口腔内壁和舌头。

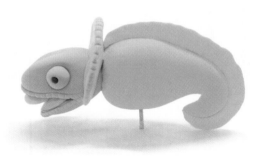

5 用绿色黏土做身体，与头部粘好。

6 将绿色黏土片沿身体的轮廓粘在背部。

可以发挥想象力，塑造不同的形态或姿势。

快变色给我瞧瞧！

7 用绿色黏土做四肢，对称粘在身体两侧。

95

1 捏红色黏土扁球，用丸棒对称压坑。

2 用白色、绿色和黑色黏土做眼睛，填充在坑中。

      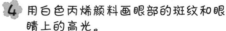

3 用红色黏土片做头顶的羽毛，黑色黏土做嘴。

4 用白色丙烯颜料画眼部的斑纹和眼睛上的高光。

    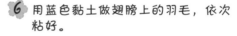

5 用红色黏土做身体和翅膀，依次对应粘好。

6 用蓝色黏土做翅膀上的羽毛，依次粘好。

快来跟我学说话吧！

7 用相同的方法，将黄色和红色黏土片粘在翅膀上做羽毛。

8 将红色和蓝色黏土片叠粘在一起，先抻拉成长长的黏土条，再对折粘好做尾巴。

鹦鹉

YING WU

唉?

沙皮犬
SHA PI QUAN

别咬我!

1 如图所示，用咖啡色、棕色和黑色黏土做头，黑色黏土球做鼻子。

2 如图所示，用丸棒、美工刀和牙签细化头部的造型。黑色和白色黏土球填充在眼窝中。

3 用红色黏土片做舌头。

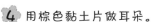

4 用棕色黏土片做耳朵。

5 用黑色记号笔画黑眼球，白色丙烯颜料画高光。

6 用咖啡色黏土做身体和四肢，依次对应粘好。

7 用咖啡色黏土做尾巴。

8 用白色黏土片做肚皮。

9 用红色黏土做项圈，棕色圆片做身上的斑纹。

阿富汗猎犬

A FU HAN LIE QUAN

1 将咖啡色黏土捏成如图所示形状做头；丸棒对称压坑，填充白色黏土球做眼睛。

2 用白色黏土做身体，将白色黏土抻拉成如图所示效果并切成片，粘在头部。

3 将抻拉切好的黏土片粘在头部和身体上。

4 揉一个黑色椭圆形球做鼻子，粘在头部前端。

5 用白色黏土做四肢，对称粘在身体下面。

好帅气啊！

6 用白色黏土做尾巴，粘在身体后面。

7 用黑色记号笔画黑眼珠。

图书在版编目（CIP）数据

逗趣萌宠 / 稚子文化编绘. -- 长春：吉林出版集团股份有限公司，2017.1
团团和拉拉的轻土之旅：儿童创意黏土教程 / 张耀明主编
ISBN 978-7-5534-7810-4

Ⅰ．①逗… Ⅱ．①稚… Ⅲ．①粘土－手工艺品－制作－儿童读物 Ⅳ．①TS973.5-49

中国版本图书馆CIP数据核字(2016)第254931号

团团和拉拉的轻土之旅·儿童创意黏土教程——逗趣萌宠

作　　者：稚子文化
出版策划：孙　昶
项目统筹：孔庆梅
选题策划：姜婷婷
责任编辑：王　妍　姜婷婷
责任校对：颜　明

出　　版：吉林出版集团股份有限公司（www.jlpg.cn）
　　　　　（长春市人民大街4646号，邮政编码：130021）
发　　行：吉林出版集团译文图书经营有限公司
　　　　　（http://shop34896900.taobao.com）
电　　话：总编办 0431-85656961　营销部 0431-85671728/85671730
印　　刷：吉林省恒盛印刷有限公司
开　　本：720mm×1000mm　1/16
印　　张：7
字　　数：87.5千字
印　　数：1—8 000
版　　次：2017年1月第1版
印　　次：2017年1月第1次印刷
书　　号：ISBN 978-7-5534-7810-4
定　　价：22.80元

印装错误请与承印厂联系　电话：0431-84727696